# BEI GRIN MACHT SICH IHR WISSEN BEZAHLT

- Wir veröffentlichen Ihre Hausarbeit, Bachelor- und Masterarbeit

- Ihr eigenes eBook und Buch - weltweit in allen wichtigen Shops

- Verdienen Sie an jedem Verkauf

Jetzt bei www.GRIN.com hochladen und kostenlos publizieren

Markus Jungmann

# Rahmenbedingungen für den Wiederaufbau der Industrie nach dem 2. Weltkrieg

## Vergleich zwischen Ost- und Westdeutschland

GRIN Verlag

**Bibliografische Information der Deutschen Nationalbibliothek:**

Die Deutsche Bibliothek verzeichnet diese Publikation in der Deutschen National-
bibliografie; detaillierte bibliografische Daten sind im Internet über http://dnb.d-
nb.de/ abrufbar.

**Impressum:**

Copyright © 2004 GRIN Verlag GmbH
Druck und Bindung: Books on Demand GmbH, Norderstedt Germany
ISBN: 978-3-640-27226-6

**Dieses Buch bei GRIN:**

http://www.grin.com/de/e-book/122013/rahmenbedingungen-fuer-den-wiederauf-
bau-der-industrie-nach-dem-2-weltkrieg

**GRIN - Your knowledge has value**

Der GRIN Verlag publiziert seit 1998 wissenschaftliche Arbeiten von Studenten, Hochschullehrern und anderen Akademikern als eBook und gedrucktes Buch. Die Verlagswebsite www.grin.com ist die ideale Plattform zur Veröffentlichung von Hausarbeiten, Abschlussarbeiten, wissenschaftlichen Aufsätzen, Dissertationen und Fachbüchern.

**Besuchen Sie uns im Internet:**

http://www.grin.com/

http://www.facebook.com/grincom

http://www.twitter.com/grin_com

Universität Leipzig
Fakultät für Physik und Geowissenschaften
Institut für Geographie
Mittelseminar zur Wirtschaftsgeographie
Industrieentwicklung in Deutschland

Wintersemester 04/05

## Schriftliche Ausarbeitung zum Referat

*„Rahmenbedingungen für den Wiederaufbau der Industrie nach dem 2. Weltkrieg:*
*Vergleich zwischen  Ost- und Westdeutschland"*

Ausgearbeitet von
Markus Jungmann

**Gliederung** **Seite**

# 1. Einleitung

Wir schreiben das Jahr 2004, in Deutschland herrscht Tristesse. Alle schimpfen über den Staat, über die Einheit, über die Wirtschaft und sagen, dass früher alles besser gewesen sei. Doch ist es berechtigt, den Kopf in den Sand zu stecken und die Augen zu verschließen davor, was geschaffen wurde in Deutschland? Sollten die Menschen nicht einmal daran denken, was unsere Urgroßväter und Urgroßmütter geschaffen haben und sich daran ein Beispiel nehmen? Denn, drehen wir die Zeit einmal neunundfünfzig Jahre zurück; wie sah es da in Deutschland aus? Im Jahr 1945 regierte ebenfalls Chaos, Angst, Trauer und vieles mehr. Trotz der Verzweiflung und Orientierungslosigkeit herrschte Hoffnung. Aufbruchstimmung durchzog das Land in allen vier Besatzungszonen und man begann mit dem Wiederaufbau der zerstörten Städte und Industrie, Schritt für Schritt gelangte man aus dem Tal der Tränen zurück ans Tageslicht. Zehn Jahre später sprach man voller Ehrfurcht vom Wirtschaftswunderland Deutschland.

Aber wie kam es zu diesem Aufschwung? Welche Rahmenbedingungen waren gegeben und wurden geschaffen? Wie verlief der Wiederaufbau der Industrie in den verschiedenen Besatzungszonen, besonders im Vergleich zwischen der westlichen und der sowjetischen Besatzungszone und welche Opfer mussten dafür erbracht werden?

All diese Fragen und vieles mehr wird in der folgenden schriftlichen Ausarbeitung zum Referat über das Thema *„Rahmenbedingungen für den Wiederaufbau der Industrie nach dem 2. Weltkrieg: Vergleich zwischen Ost- und Westdeutschland"* zu beantworten sein.

Dabei wird der Zeitraum zwischen 1945 bis ca. 1950 betrachtet, da in dieser Zeit der eigentliche Grundstein für die wirtschaftliche Entwicklung in Deutschland gelegt wurde.

## 2. Die Ausgangssituation im besetzten Deutschland nach der Kapitulation

*„...über 5 Millionen Deutsche, darunter mehr als 500.000 Bombenopfer, waren durch Kriegsfolgen getötet worden. 25 Millionen irrten obdachlos, ohne Besitz und auf der Suche nach einer neuen Bleibe durchs Land. Aus Osten flüchteten Millionen vor der Roten Armee in den Westen, über 12 Millionen Flüchtlinge und Vertriebene suchten schließlich in Rest- Deutschland Zuflucht"* (Borowsky,1993,S.11/12).

In diesem Zitat wird deutlich, wie es am 8. Mai 1945, nach der bedingungslosen Kapitulation und der damit verbundenen totalen Niederlage des „Dritten Reiches" in Deutschland aussah.

*„Bombenangriffe und die Gefechte auf deutschem Boden in den letzten Kriegsmonaten hatten ein Fünftel der Wohnungen [2,25 Mio. total zerstört, 2,5 Mio. beschädigt] und Fabriken sowie zwei Fünftel der Verkehrsanbindungen zerstört"* (Borowsky,1993,S.12). Durch das Ausmaß der Zerstörung kam es zu einem völligen Zusammenbruch der Produktion und der Lebensmittelversorgung.

Trotz der äußerlich sichtbaren Zerstörung waren unter den Trümmern der Fabriken viele Maschinen funktionstüchtig, so dass die Hindernisse für den Wiederaufbau „... *weniger in der Zerstörung selbst als in der Verlagerung von Betrieben, der Zerstörung von Wohnraum, der Bevölkerungsbewegung, dem Transportproblem und dem Mangel von Geld"* (Borowsky,1993,S.12) lagen.

Ebenso verringerte sich das Industriepotential zum Beispiel in der Britischen Besatzungszone (BBZ) durch Zerstörung und Demontage um 85%, was sich katastrophal auf die Versorgung der Bevölkerung auswirkte. Besonders das Transportwesen wurde arg in Mitleidenschaft gezogen. In der BBZ „... *waren allein 2800 Brücken zerstört worden, davon 1300 Eisenbahnbrücken, die Schifffahrt war überall blockiert, im Rhein lagen 7 Brücken. Im Juni waren nur 650 Km Schienen intakt."* (Steininger,1996,S.72).

Nach der Niederlage der Deutschen im Zweiten Weltkrieges und der anschließenden Besetzung Deutschlands durch alliierte Verbände begann für die deutsche Bevölkerung eine Epoche „... *des Improvisierens, des Überlebens, der Trümmerfrauen, der Schwarzmarktzeit, der Zigaretten- und Schokoladenwährung, der Kippensammler und der Hoffnung auf eine bessere Zeit"* (Steininger, 1996, S.66). „*Deutschland fiel in den Zustand der archaischen Neutralwirtschaft zurück"* (Steininger,1996,S.74).

Ein weiteres Problem in den Jahren nach dem Zweiten Weltkrieg stellte der Schwarzhandel dar. Nach Beendigung der Kampfhandlungen waren 300 Milliarden Reichsmark (RM) im Umlauf. Dem gegenüber stand aber kein Warenangebot, so dass die RM de facto wertlos war und sich Arbeit nicht mehr lohnte. Dies wiederum führte zum Aufblühen des Schwarzmarktes (vgl. Steininger,1996).

Am 5. Juni 1945 lieferten die vier Siegermächte die „*Berliner Erklärung"* (Borowsky,1993,S.13) ab. Dies war eine „*Erklärung in Anbetracht der Niederlage Deutschlands und der Übernahme der obersten Regierungsgewalt hinsichtlich Deutschlands"* (Borowsky,1993,S.13). Gleichzeitig wird festgehalten, dass „Restdeutschland" (Verlust der Ostgebiete an Polen, Saargebiet an Frankreich) nun endgültig in eine sowjetische, eine britische, eine amerikanische und eine französische Besatzungszone aufgeteilt wird und dies auf die Hauptstadt Berlin zu übertragen ist. Mit der Aufteilung Deutschlands und der Übernahme der Regierungsgewalt durch die Alliierten, wurde der Grundstein für einen politischen und wirtschaftlichen Neuanfang gelegt, auch wenn noch niemand der Beteiligten sagen konnte, wie er von statten gehen sollte. Die einzelnen Ansprüche zeigten sich schon kurz nach Abschluss der Potsdamer Konferenz.

## 3. Die Potsdamer Konferenz – Erste politische und wirtschaftliche Weichenstellung

Die Potsdamer Konferenz, begann am 17. Juli 1945 und endete am 2. August des Jahres (vgl. Borowsky,1993). Während des Verlaufes gediehen die ersten wirtschaftlichen und politischen Grundsätze. Die fünf wichtigsten Gründsätze lauteten: Demokratisierung, Denazifizierung, Demilitarisierung, Dekartellisierung und Dezentralisierung (vgl. Borowsky,1993).

Auf die politischen Grundsätze soll an dieser Stelle nicht weiter eingegangen werden. Nur soviel sei gesagt, dass Vorbereitungen getroffen wurden „... *das politische Leben in Deutschland auf einer demokratischen Grundlage wieder aufzubauen insbesondere durch die Ermutigung von demokratischen Parteien und den Aufbau einer lokalen Selbstverwaltung"* (Borowsky,1993,S.16).

Neben den politischen Grundsätzen entwickelten die Vertreter der Besatzungsmächte während der Potsdamer Konferenz auch wirtschaftliche Leitlinien. So wurde, trotz einiger Streitereien, ein gemeinsamer Nenner gefunden und zwar dass die „... *übermäßige Konzentration der Wirtschaft vernichtet und das Hauptgewicht auf die Entwicklung der Landwirtschaft und der Friedensindustrie für den inneren Bedarf gelegt werden sollte"* (Borowsky,1993,S.16). Die gemeinsame Wirtschaftspolitik der Alliierten zielte darauf ab, die Wirtschaft zu dezentralisieren, lebensnotwendige Güter gleichmäßig über die Zonen zu verteilen und dazu die Deutschen für die Verteilung und Kontrolle der Maßnahmen mit einzubeziehen (vgl. Borowsky,1993). Trotz der Teilung Deutschlands in vier Besatzungszonen sollte das Land als wirtschaftliche Einheit behandelt werden.

Doch schon jetzt stellten die unterschiedlichen Reparationsansprüche der Länder, vor allem die sowjetischen und französischen, ein großes Problem dar, was zu ersten größeren Auseinandersetzungen innerhalb der Anti-Hitler-Koalition führte. Stalin und sein Außenminister Molotow forderten 20 Milliarden Dollar an Reparationen aus Deutschland. Allein 10 Milliarden Dollar sollte davon die Sowjetunion (SU) aus den westlichen Besatzungszonen erhalten (vgl. Borowsky,1993). Daraufhin unterbreiteten England und die USA folgenden Vorschlag: „Jede Besatzungsmacht solle ihre Reparationsansprüche aus ihrer Zone befriedigen" (Borowsky, 1993, S.17). Gleichzeitig wurden der Sowjetunion 10% an Reparationen aus den westlichen Besatzungszonen gratis und 15% im Gegenzug für Sachleistungen versprochen. Durch die Annahme der Reparationsregelung wurde Deutschland in ein östliches und ein westliches Reparationsgebiet geteilt.

Nach Potsdam errichteten die Alliierten für Deutschland eine eigene Zentralverwaltung, den Alliierten Kontrollrat. Doch schon kurz nach Potsdam war die Politik der Einträchtigkeit für nichtig zu erklären, da jede Besatzungsmacht eigene Interessen verfolgte und es offensichtlich wurde, dass die Deutschlandpolitik der Alliierten zusehends zur Machtpolitik zweier Großmächte und Gesellschaftssysteme avancierte.

## 4. Der Wiederaufbau in den einzelnen Besatzungszonen

Das folgende Kapitel beschäftigt sich mit den einzelnen Besatzungszonen. Wobei die französische, britische und die amerikanische Besatzungszone der sowjetischen Besatzungszone als westliche Besatzungszone gegenübergestellt wird, obwohl sie erst ab 194/49 als Einheit zu betrachten ist. Da aber die Politik der westlichen Alliierten mit Ausnahme Frankreichs ähnliche Ziele verfolgte, wird auf eine Differenzierung verzichtet. Besonderheiten werden getrennt erwähnt, so dass kein falscher Eindruck vermittelt wird. Unter 4.1. wird zuerst die westliche Besatzungszone ab 1945 näher betrachtet und unter 4.2. schließlich die sowjetische Besatzungszone.

## 4.1. Die Rahmenbedingungen für den Wiederaufbau der Industrie in den westlichen Besatzungszonen

Die Politik der westlichen Alliierten beruhte wie in Kapitel 3 bereits erwähnt, von Beginn an auf Denazifizierung, Demokratisierung, Dezentralisierung, Demilitarisierung und Dekartellisierung.

Die Denazifizierung begann zunächst mit dem Verbot der NSDAP, der Erfassung und Verhaftung hoher Nazioffiziere, -beamter und -anhänger. Außerdem wurde anfangs das Ziel verfolgt, hohe Nazibeamte aus den Büros zu vertreiben. Doch schon bald merkte man, dass man auf sie nicht verzichten kann, da sonst die Verwaltung zusammen gebrochen wäre. Somit wurden viele der alten NSDAP–Mitglieder in ihren Positionen belassen. So kann man sagen, dass es „... *tatsächlich eine beträchtliche Kontinuität in Form von Personen, Parteien, Grundüberzeugungen, traditioneller Bürokratie und Wirtschaftsform* [gab]." (Steininger,1996,S.74).

### 4.1.1. Die alliierte Wirtschaftspolitik der Jahre 1945 - 1946

Die alliierte Wirtschaftspolitik in den Jahren 1945 und 1946 war geprägt durch Demontage, Reparation und Gesellschaftsreform. Durch die Zerschlagung von Großbetrieben wie der „IG Farben" sollte die deutsche Wirtschaft entflechtet werden. Ferner wurde das Zurückfahren von Kapazitäten voran getrieben, um die Wirtschaft nie wieder für Kriegszwecke zu gebrauchen.

*„Um das doppelte Ziel an Entmilitarisierung und Reparationen zu verwirklichen, begannen die Besatzungsmächte in allen vier Zonen mit der Demontage von Industriebetrieben"* (Borowsky,1993,S.26). Während Frankreich viel Reparationenleistung verlangte, war das Ziel der Amerikaner und der Briten eher eine Konsolidierung und Verselbständigung der Wirtschaft, wenn auch die Amerikaner und Briten ebenfalls Reparationen bezogen.

Um eine Einigung über die Reparationsfrage und der Kapazitätsbegrenzung zu erlangen, wurde am 23. März 1946 der Industrieniveauplan für Deutschland beschlossen (vgl. Borowsky, 1993). Er schreibt eine Begrenzung der Stahlproduktion auf 5,8 Mio. Tonnen, ein generelles Verbot von 14 Industriezweigen sowie eine Begrenzung der Produktion auf 11-80% der Vorkriegsproduktion für weitere 12 Industriezweige vor. Alles was darüber hinaus produziert wurde, sollte als Reparationen an die Alliierten abgetreten werden. So hätten bei-spielsweise 1.636 Fabriken in der ABZ und BBZ demontiert werden müssen, um die festge-legten Begrenzungen zu erfüllen. Doch der Industrieniveauplan scheiterte, da die Wirtschaft nicht einmal ihre zulässigen Quoten erreichte. So wurde im Oktober 1947 ein revidierter In-dustrieniveauplan vorgelegt, welcher anordnete, dass nur noch 682 Werke demontiert wer-den durften. Von denen wurden schließlich bis 1949 342 demontiert.

Trotz der negativen Ausgangsbedingungen der deutschen Wirtschaft, war dennoch eine Ba-sis für den Neuanfang gegeben, da das Industriepotential ungefähr bei dem aus dem Jahr 1939 lag (vgl. Steininger,1996). Nur durch Demontage verringerte es sich um etwa 85% in den ersten beiden Jahren nach dem Krieg. Letztendlich betrugen, laut Rolf Steiningers Aus-führungen, die Reparationen im Westen allerdings nur 4 Milliarden Dollar und nur ca. 5 – 8% der Industrie wurde demontiert. Des Weiteren kommt hinzu, dass die demontierten Anlagen zwangsläufig durch neue ersetzt und somit der Neuanfang erleichtert wurde.

Ein weiteres zentrales Problem in dieser Zeit war die Frage nach der Zukunft des Ruhrgebie-tes. Wie sollte es weitergehen mit der ehemaligen *„Waffenschmiede des Reiches"* (Steinin-ger,1996,S.203)? Die Entscheidung über das Schicksal des Ruhrgebietes *„... war nicht nur untrennbar verbunden mit der Entscheidung über den inneren und äußeren Aufbau Nach-kriegsdeutschlands, sondern auch mit der Entscheidung über den Aufbau der europäischen Wirtschaft und damit der Nachkriegsordnung insgesamt"* (Steininger,1996,S.203).

Am 11. März 1946 legte der britische Außenminister Bevin dem Ausschuss für deutsche In-dustrie einen Alternativplan für das Ruhrgebiet vor, welcher am 15. März beschlossen wurde. Er sah eine wirtschaftliche Internationalisierung vor, was soviel bedeuten sollte wie: *„Die Schlüsselunternehmen an der Ruhr und zusätzlich die Hermann-Göring-Werke in Salzgitter, die modernste Anlage in Europa, sollten in den Besitz der an der Kontrolle Deutschlands beteiligten Staaten übergehen"* (Steininger, 1996, S.206). Frankreich, die USA, die Sowjet-union und England sollten 20% erhalten. Holland, Belgien und Luxemburg jeweils 10%.

Mit dem Beschluss dieses Planes war die Ruhrfrage zunächst geklärt.

### 4.1.2. Die Wende in der alliierten Deutschlandpolitik – Der neue Kurs der Amerikaner

Die Wende in der Westalliierten Deutschlandpolitik verkündete Byrnes, der US–Außenminister in seiner Stuttgarter Rede vom 6. September 1946. Er verkündete und kriti-sierte zugleich die, *„wiederholte Nichteinhaltung der Potsdamer Beschlüsse, erteilte allen französischen Plänen für eine Abtrennung des Rheinlandes und des Ruhrgebietes eine Ab-sage, wandte sich gegen die Entnahme von Reparationen aus der laufenden Produktion und kündigte die Vereinigung der britischen mit der amerikanischen Zone sowie die Einrichtung politisch verantwortlichen deutschen Zentralbehörten an"* (Borowsky,1993,S.53). Es war ge-plant, die amerikanische und britische Besatzungszone zum 1. Januar 1947 zur Bizone zusammen zulegen, mit dem Ziel, eine gemeinsamen Wirtschaftspolitik zu betreiben, um eine „... wirtschaftliche Selbstständigkeit der Bizone bis Ende 1949 zu erreichen" (Borowsky,1993,S.53). Im September 1946 begannen deutsche Fachleute im Auftrag der britischen und amerikanischen Militärgouverneure fünf Zentralämter (Wirtschaft, Finanzen, Ernährung & Landwirtschaft, Verkehrswesen und Post) für die vereinigten Zonen zu schaffen (vgl. Borowsky,1993). Die Zentralverwaltungen sollten die Maßnahmen der Landesministerien und der beiden Besatzungsmächte koordinieren, was aber bedingt durch die Abhängigkeit von der Militärregierung schwierig war. Außerdem waren sie für wichtige Bereiche der Wirtschaft gar nicht erst zuständig. So zum Beispiel stand der Außenhandel unter der Kontrolle der *„Joint Export – Import Agency (JEIA)"* (Borowsky,1993,S.54), welche die oberste Instanz der Besatzungsmächte war. Die Eisen- und Stahlindustrie der BBZ war beschlagnahmt und unterstand der *„North German Iron and Steel Control"* (Borowsky,1993,S.54). Diese Institution führte die Entflechtung der Konzerne durch. Die Kohlegruben unterstanden seit Juli 1945 der *„North German Coal Control"*, die im Herbst 1947 durch den Beitritt der Amerikaner zur *„UK/US Coal Control Group"* erweitert wurde (Borowsky, 1993, S.54).

Mit dem Zusammenschluss der beiden Zonen entstand ein vereintes Wirtschaftsgebiet mit 39 Millionen Menschen, was 69% der deutschen Bevölkerung ausmachte.

Im Winter 1946/47 kam es zu einem völligen Zusammenbruch des Verkehrs, der Industrie, der Energie- und Lebensmittelversorgung. Nach dem kalten und langen Winter kam ein heißer Sommer, was zu einer katastrophalen Ernte führte und die Versorgung der Bevölkerung weiter erschwerte. Das Problem dabei war, dass England zusehends ebenfalls Engpässe mit der Ernährung der eigenen Bevölkerung auf der Insel bekam und somit die Besatzungszone langsam zu einem Problem für Großbritannien wurde. Daraufhin einigte man sich auf die Straffung der Wirtschaftsverwaltung und der Stärkung der politischen Entscheidungsfähigkeit Deutschlands. Dies geschah nach dem Scheitern der Moskauer Außenministerkonferenz (10. März 1947 – 24. April 1947) *„... durch das anglo – amerikanische Abkommen über die Neugestaltung der zweizonalen Wirtschaftsstellung vom 29.Mai 1947"* (Borowsky,1993,S.55). Die Ziele waren:

1. Schaffung eines Wirtschaftsrates, was einer Art Parlament entspricht
2. Erhalten eines hauptamtlichen Koordinierungs- und Exekutivorgans, in das jede Landesregierung ein Mitglied entsendet
3. Einsetzung von Direktoren (Art Ministerpräsidenten) an oberster Stelle der bizonalen Verwaltungsstellen

Die Umorganisation sollte letztlich zur Lösung dringender wirtschaftlicher Probleme und zum Ausbau des Wirtschaftslebens durch das Volk führen und verantwortliche deutsche Stellen fördern.

Der Wirtschaftsrat (Vorläufer des heutigen Bundestags) des *„vereinigten Wirtschaftsgebietes"* (Borowsky,1993,S.57), so der offizielle Namen der Bizone, trat am 25. Mai 1947 in Frankfurt am Main zu seiner konsultierenden Sitzung zusammen.

Die Grundlage der neuen amerikanischen Besatzungspolitik bildete die Direktive 1779 der amerikanischen Militärregierung vom Juli 1947 (vgl. Benz,1989). Sie bestimmte die wesentlichen Elemente des zukünftigen Wirtschaftssystems der Bizone. Dies beinhaltete das *„Verbot von Kartellen, Dekonzentration von Großunternehmen, staatliche Regelung von Preisen dort, wo Wettbewerb nicht möglich war, Zulässigkeit von Genossenschaften, Gewerkschaften und Betriebsräten, von Tarifverträgen über Löhne, Arbeitszeit und Arbeitsbedingungen"* (Benz,1989,S.45). Wichtig war außerdem, dass die gegebenen Besitzverhältnisse nicht angetastet wurden, was letztlich dazu führte, dass die Sozialisierungsversuche in den westlichen Besatzungszonen scheiterten. So lässt sich sagen, dass unter der Prädominanz der US–Besatzungsmacht und der von ihnen erlassenen Direktive 1779, das kapitalistische System erhalten blieb.

### 4.1.3. Der Weg zur Währungsreform in den westlichen Besatzungszonen

Ausgangspunkt auf dem Weg zur Währungsreform war der endgültige Bruch der Anti-Hitler-Koalition, was den Weg zur Bildung eines separaten Weststaates frei machte. Voraussetzung hierfür war, dass die französische Besatzungszone zu Bizone beitreten musste (zum 8. April 1949), da sonst die Marshallhilfe verweigert worden wäre (vgl. Borowsky,1993).

Am 12. Juli 1947 trafen sich 22 europäische Regierungen zur Marshallplan Konferenz, um schließlich die Hilfe für sich in Anspruch zu nehmen. Auf Westdeutschland hatte der Marshallplan einen großen Einfluss. Die drei Westzonen bekamen zusammen 1,4 Milliarden Dollar Marshallplangelder für den wirschaftlichen Wiederaufbau.

Die Reorganisation der Bizone begann am 5. Februar 1948 mit der Verdoppelung des Wirtschaftsrates auf 104 Mitglieder und der Ersetzung des Exekutivrates durch den Länderrat. Ziel war es, eine Basis für den Beitritt der französischen Besatzungszone zur Bizone zu schaffen, um einen separaten Weststaat zu bilden.

Am 1. März 1948 erfolgte die Gründung der Bank Deutscher Länder, dem Vorläufer der Deutschen Bundesbank, in Frankfurt am Main. Somit erhielt Deutschland einen quasi staatlichen Charakter (vgl. Borowsky,1993). Auf der Londoner Sechs-Mächte-Konferenz wurde über die Zukunft Westdeutschlands beraten. Die Konferenz endete mit der *„Einigung der Teilnehmer im Grundsatz über eine internationale Kontrolle des Ruhrgebietes und der Einbeziehung aller drei Zonen in das europäische Wiederaufbauprogramm"* (Borowsky,1993,S.61). Somit war der Weg frei für die Annahme des Marshallplans.

Schließlich kam am 20. März 1948 das Ende des „Alliierten Kontrollrates", nachdem ihn Marschall Sokolwski verließ. So war die Viermächteverwaltung für Deutschland an ihr Ende gelangt (vgl. Borowsky,1993).

Um Deutschland endgültig zu einem festen und stabilen Wirtschaftsverband zu machen, war es nötig, die Reichsmark abzuschaffen und durch eine neue Währung zu ersetzen. So wurde am 20. Juni 1948 in den drei Westzonen und in den Westsektoren von Berlin eine Währungsreform durchgeführt. Die Reichsmark wurde durch die Deutsche Mark ersetzt. Schlagartig besaß das Geld der Deutschen wieder Wert und die Regale der Schaufenster füllten sich über Nacht mit Waren. Somit war gleichzeitig die Zeit des Schwarzmarktes und der Zigarettenwährung vorbei. Jeder Bewohner konnte sofort 40 RM in 40 DM umtauschen (vgl. Borowsky,1993). Die regelmäßigen Zahlungen wie Rente, Miete und Löhne wurden im Verhältnis 1:1 umgetauscht. „Anleihen des Reiches, der Länder, der Gemeinden und öffentlicher Anstalten wurden zu geringeren Raten aufgewertet" (Borowsky,1993,S.63), was de facto eine Entschuldung Deutschlands bedeutete. Die Menge der umlaufenden Geldnoten wurde auf 10 Milliarden ( vgl. Reichsmark 300 Mrd.) festgelegt.

Ein anderer Faktor, welcher schließlich Ausschlag gebend für das deutsche Wirtschaftswunder war, war der, dass durch die Abwertung der deutschen Währung sich der Kostenfaktor der deutschen Industrie derartig reduzierte, so „dass sie erfolgreich mit anderen Industrieländern auf dem internationalen Markt konkurrieren konnte" (Borowsky,1993,S.63). Am 18. Juni. 1948, also zwei Tage vor der Währungsreform, legte der Wirtschaftsrat Leitsätze zur Wirtschaftspolitik vor, welche von Ludwig Erhard formuliert wurden. Sie beinhalteten im Kern eine schrittweise Ablösung der Zwangswirtschaft durch die Marktwirtschaft.

Zum Ende wäre noch ein Zitat anzubringen, was alle unter Kapitel 4.1. abgehandelten Schwerpunkte zusammenfasst.

„Das Wirtschaftsleben in den westlichen Besatzungszonen war nach dem Krieg in hohen Maßen reglementiert durch Preis- und Lohnfestsetzung, Produktionsverbote und -beschränkungen, Lebensmittelkarten, Bezugsscheine, Wohnraumbewirtschaftung und Abwicklung des Außenhandels ausschließlich durch die Besatzungsmächte. An der privatwirtschaftlichen Grundlage dieses Systems wurde jedoch prinzipiell festgehalten" (Borowsky,1993,S.29).

## 4.2. Die Rahmenbedingungen für den Wiederaufbau der Industrie in der SBZ

Nachdem ausführlich der wirtschaftliche Wiederaufbau in den westlichen Besatzungszonen betrachtet wurde, macht es nun Sinn, vergleichend den wirtschaftlichen Wiederaufbau in der sowjetisch besetzten Zone zu betrachten.

Von vornherein kann man sagen, dass der Wiederaufbau in der SBZ in ganz anderen Bahnen verlief und unter ganz anderen Vorzeichen absolviert wurde als in den westlichen Zonen. So lief „der Neuaufbau des staatlichen und politischen Systems in der SBZ [...] parallel mit einer tief greifenden Umstrukturierung der Gesellschaftsordnung" (Weber, 1980, S.28).

Wie der Neuaufbau mit der gleichzeitigen Etablierung eines neuen Systems ablief, soll nun im folgendem Kapitel Betrachtung finden.

## 4.2.1. Die Ausgangssituation in der SBZ

Die SBZ hatte wie jede andere Besatzungszone auch, unter gravierenden Kriegsschäden zu leiden. Auch hier bot sich das Bild von Flüchtlingen, Elend, Hunger, zerstörten Städten und Industrieanlagen. Die SBZ litt besonders unter der Abtrennung des oberschlesischen Industriegebietes und des theoretischen Verlustes des Ruhrgebietes, da somit die SBZ von allen wichtigen Rohstoffquellen und von einer Vielzahl wichtiger Industrien abgeschnitten war. Das einzigste verbleibende Industrierevier war Mitteldeutschland, in dem es während des Krieges zu einer massiven Ausdehnung der Rüstungsindustrie und zu einer starken Einschränkung der Gebrauchsgüterindustrie kam (vgl. Kuczynski, Mottek, Nussbaum,1989).

„Besonders hoch war die Steigerung der Produktion [...] im Maschinen- und Fahrzeugbau, in der Elektroindustrie, in der Feinmechanik/Optik, in der Produktion von Eisen-, Stahl- und Metallwaren und in der Produktion von chemischen Erzeugnissen, einschließlich Kraftstoff" (Kuczynski, Mottek, Nussbaum,1989,S.15).

Somit kam es in der Produktion zu einer Spezialisierung, was sich als Nachteil heraus stellte, da daraus später ein Mangel an der Konsumgüterproduktion resultierte.

Wie weit die Produktion durch Zerstörung absank, soll an folgenden Zahlen deutlich werden, welche aus der Veröffentlichung von Kuczynski, Mottek und Nussbaum stammen. Fielen 1942 lediglich 2,5% der Produktion durch Bombardements aus, so waren es 1944 schon 17%. In den ersten Monaten 1945 sank sie rasch weiter ab, so dass die Produktion im April 1945 völlig zum Erliegen kam. „Auf dem Territorium der späteren DDR fielen so über 1500 Groß- und 800 Kleinbetriebe und Mittelbetriebe der Zerstörung anheim. Über den Umfang der durch Bombardements und Bodenkämpfe auf dem sowjetischen Besatzungsgebiet vernichteten industriellen Produktionskapazitäten liegen keine gesicherten Angaben vor" (Kuczynski, Mottek, Nussbaum,1989,S.15), obwohl davon auszugehen ist, dass es weniger als 40% waren.

## 4.2.2. Beginnender Wiederaufbau und Demontage

Nachdem Deutschland von den Alliierten befreit wurde, wurde der östliche Teil Deutschlands unter sowjetische Kontrolle gestellt.

Als erstes wurde am 9. Juni 1945 die Sowjetische Militäradministration für Deutschland (SMAD) durch die Regierung der UdSSR gebildet (vgl. Borowsky,1993). Sie hatte von nun an die oberste Regierungsgewalt der SBZ inne und „verfolgte eine konsequent gegen den

*Faschismus und seine ökonomischen Wurzeln [...] gerichtete Politik"* (Kuczynski, Mottek, Nussbaum,1989,S.33). Die Militärverwaltung hatte in der SBZ einen gewaltigen Einfluss. Sie *"... penetrierte jeden möglichen Bereich des sozialen, kulturellen, politischen und wirtschaftlichen Bereichs"* (Borowsky,1993,S.154). Sergej Tulpanow , welcher der Vorsitzende der Propagandaabteilung war, sprach offen von dem Ziel der Sowjetisierung Deutschlands. Doch dazu musste es zu einer generellen Umgestaltung der Gesellschaft und Wirtschaft kommen. Schon kurz nach dem Krieg begann man auch in der SBZ mit dem Versuch, die Industrie wieder zum Laufen zu bringen. *"Die Durchführung der industriepolitischen Aufgaben oblag den im Juli 1945 als beratende Organe der SMAD eingerichteten Deutschen Zentralverwaltungen für Brennstoffindustrie, für Handel und Versorgung und den bei den Landes- und Provinzialverwaltungen entstandenen Wirtschaftsabteilungen"* (Kuczynski, Mottek, Nussbaum,1989,S.34). Als erstes gelang es den Ingenieuren der Elektro- und Brennstoffindustrie, die Kraftwerke und das Stromnetz wieder in Gang zu bekommen, wenn auch nur provisorisch. Gleichsam konnten erste Industriebetriebe partiell ihre Produktion wieder aufnehmen. *"Am 10./11. Mai 1945 erzeugten die Kraftwerke in der sowjetischen Besatzungszone die ersten 53 Megawatt* [und] *im Juli 1945 belief sich die Elektroenergieerzeugung bereits auf 800 bis 1000 Megawatt"* (Kuczynski, Mottek, Nussbaum,1989,S.34). In anderen Gebieten beschäftigten sich die Belegschaften der Betriebe mit Aufräum- und Reparaturarbeiten. So konnten sich im letzten Quartal 1945 13.685 Betriebe an der Produktion beteiligen und diese Zahl stieg bis Frühherbst 1947 um weiter 7.926 Betriebe an (vgl. Kuczynski, Mottek, Nussbaum,1989). Trotzdem lag das Volumen des Produzierten weit hinter den Produktionskapazitäten zurück. *"Nach einer Schätzung belief sich die Industrieproduktion[...] Ende 1945 auf 25 % des Standes von 1936"* (Kuczynski, Mottek, Nussbaum,1989, S.36). Auch wenn sich die Menschen in der SBZ bemühten, so war der Wiederaufbau alles andere als einfach. Denn das Hauptproblem lag, neben dem Mangel an Bodenschätzen und der fehlenden schwerindustriellen Basis, in der Reparationspolitik der Sowjetunion. Die 10 Milliarden Dollar, welche sie in Potsdam zugesprochen bekamen, reichten ihr nicht und so begannen sie mit der Demontage von Industriebetrieben und der Entnahme von Reparationsleistungen aus der laufenden Produktion. Zuerst begannen sie im Herbst 1945 auf jeder Eisenbahnlinie das zweite Gleis zu demontieren, was Symbolcharakter für die Demontagepolitik besitzt. So wurden bis Ende 1946, solange lief die Hauptdemontage (vgl. Weber,1980), schon 1.000 Werke, vornämlich die der Metallindustrie, des Maschinenbaus, sowie der chemischen und optischen Industrie abgebaut und komplett nach Russland abtransportiert (vgl. Borowsky,1993). *"Die Kapazitäten der Industrie reduzierten sich teilweise erheblich (eisenschaffende Industrie 80%, Zementindustrie und Papiererzeugung 45%, Energieerzeugung 35%)"* (Weber,1980,S.30).

Nachdem die Hauptdemontage abgeschlossen war, folgte als zweites Stadium die Entnahme der Reparation aus der laufenden Produktion. Dadurch gingen noch einmal etwa 200 wichtige Betriebe in das Eigentum der Sowjetunion über, welche in 25 sowjetische Aktiengesellschaften (SAG) aufgeteilt wurden. Legitimation erhielten diese Aktionen durch den Befehl Nr. 167 der SMAD vom 5. Juni 1946. Diese 200 Betriebe erzeugten etwa 25% der sowjetzonalen Produktion und einige Industriezweige der SAG konnten erst 1952 von der DDR für 2,5 Milliarden Ostmark zurück gekauft (vgl. Borowsky,1993).

So wurden bis zum Ende der Demontagen im Jahr 1953 16 Milliarden Dollar an Reparationen entnommen. Das waren 6 Milliarden mehr als erlaubt (vgl. Borowsky, 1993).

Unter diesen Voraussetzungen war es schwierig, eine Friedenswirtschaft aufzubauen, so dass die Bruttoproduktion in der SBZ 1947 nur 54% des Standes von 1936 erreichte (vgl. Weber,1980). Trotzdem waren auch in der SBZ Fortschritte im Wiederaufbau zu erkennen.

### 4.2.3. Ein neues Wirtschaftssystem entsteht – Bodenreform und Verstaatlichung

Die Politik der sowjetischen Militärverwaltung war von vornherein eine Politik *„die auf Abschaffung des Privateigentums an Produktionsmitteln und der Marktwirtschaft abzielte"* (Borowsky,1993,S.29). So wurden schon im Juli 1945 Banken und Sparkassen entschädigungslos enteignet und durch Länder und Provinzialbanken ersetzt. Im September, genauer am 8. des Monats, rief das ZK der KPD (vgl. Weber,1980) unter dem Slogan *„Junkerland in Bauernland"* (Borowsky,1993,S.29) zu einer Bodenreform auf, unterstützt und angetrieben durch die SMAD. So wurden Großgrundbesitzer entschädigungslos enteignet, da sie nach Ansicht der Sowjets, die Hauptstützen des Naziregimes waren. Dadurch wurden alle Besitzungen über 100ha und solche, die Nazis gehörten, enteignet (vgl. Borowsky,1993). Insgesamt wurden rund 3,3 Millionen ha, was 31% an der Gesamtfläche und 35% der landwirtschaftlichen Nutzfläche der SBZ ausmacht, entschädigungslos enteignet. 2,2 Millionen der enteigneten Ländereien wurden von kommunalen Bodenkommissionen an Landarbeiter, Kleinbauern und an aus dem Osten vertriebene Landwirte verteilt. Der Rest wurde sozialisiert und Ländern, Kreisen und Gemeinden zur Bewirtschaftung übertragen. Die Bodenreform lieferte so die Ausgangssituation *„für die Kollektivierung der Landwirtschaft"* (Borowsky,1993,S.164). Die Kollektivierung vollzog sich 1952 mit der Gründung der *„Landwirtschaftlichen Produktionsgenossenschaften (LPG)"*.

Als nächster Schritt folgte die Sozialisierung der Industrie, welche auf dem Befehl 124 der SMAD vom 30. Oktober 1945 und auf dem Befehl 126 vom 31. Oktober 1945 beruhte (vgl. Weber,1980). Dabei sollte das Eigentum der öffentlichen Hand, der NSDAP, führender Nationalisten, NS-Organisationen und der Wehrmacht beschlagnahmt werden. Ein Teil dieser beschlagnahmten, meist schwerindustriellen Betriebe, wurde in SAG´s umgewandelt und im März 1946 treuhänderisch an deutsche Länder- und Provinzialverwaltungen zurück gegeben. Damit war die Voraussetzung für eine Verstaatlichung der Industrie in der SBZ geschaffen. Die KPD änderte nun dementsprechend ihre Wirtschaftspolitik. Sie verlangte nun *„alle Betriebe und anderen Unternehmen des Handels, des Verkehrs, des Versicherungswesens usw. [...] werden mit allen Rechten und Forderungen in die Hände der Selbstverwaltungsorgane der Gemeinden, Provinzen bzw. Länder übereignet"* (Weber,1980,S.29).

Ab Juni 1947 wurden die beschlagnahmten Betriebe, immerhin ca. 7.000, in Volkseigene Betriebe (VEB) umgewandelt. So wurden bis Mai 1948 9.281 Betriebe in Volkseigentum überführt. Darunter waren Unternehmen der Konzerne AEG, Krupp, Wintershall, IG-Farben, Mannesmann, Flick und Siemens (vgl. Borowsky, 1993).

Ebenfalls war 1948 das Jahr, indem sich in der SBZ das neue Wirtschafssystem der Planwirtschaft etablieren sollte.

Am 30. Juni 1948 wurde durch den Parteivorstand der SED der erste Zweijahresplan beschlossen, dies zeigt gleichsam den wachsenden Einfluss der SED auch in der Wirtschaftspolitik. Mit dem Zweijahresplan 1949/1950 begann die zentralistische Planwirtschaft in der SBZ/DDR. Es war tatsächlich so, dass im Jahr 1948 die Privatbetriebe nur noch 39% der Bruttoproduktion erzeugten, genauso viel wie die VEBs. Trotzdem befanden sich noch 36.000 Betriebe im Privatbesitz (vgl. Weber,1980).

Trotz gewisser Fortschritte und der Währungsreform am 23. Juni 1948, blieb die Wirtschaftslage problematisch. Ende 1948 versuchten die Behörden, *„durch einen freien Handel die Lage zu verbessern, dem Schwarzmarkt entgegenzuwirken und gleichzeitig neue Arbeitsanreize zu schaffen"* (Weber,1980,S.43). So wurde im Oktober 1948 die Handelsorganisation (HO) gegründet, wo man zu überteuerten Preisen Ware frei kaufen konnte. Mit Gründung der HO nahm die SED auch verstärkt Einfluss auf den Handel und hatte mit Beginn des Zweijahresplans 1949 beste Voraussetzungen geschaffen, nicht nur den Staat, sondern auch die Wirtschaft zu kontrollieren.

## 5. Fazit

Wie man sieht, war der Wiederaufbau der Wirtschaft in den Besatzungszonen ein langer, schwieriger und politischer Prozess. Ohne die Etablierung der zwei unterschiedlichen Wirtschaftssysteme hätte es die Teilung nicht gegeben und vielleicht auch nicht einen so gefährlichen Kalten Krieg. Zumindest ist es erstaunlich, dass beide Staaten ihren Weg gegangen sind, wenn auch unter Einfluss der Alliierten, und man kann nicht sagen, welcher der Optimalste war, auch wenn es heute nach einem Sieg der Marktwirtschaft aussieht. Aber gibt es vielleicht noch ein besseres System?

Der Vergleich zwischen Ost und West zeigt, dass beide Staaten am Anfang vor den gleichen Problemen standen die es zu bewältigen gab. Später traten, aufgrund des Verhaltens der Besatzungsmächte, Unterschiede im Verlauf und der Unterstützung für den Wiederaufbau auf. Die westlichen Alliierten wollten Deutschland schnell wieder international Wettbewerbs-fähig und zu einem selbständigem Land machen, während die SU ihre Besatzungszone bzw. die DDR von sich abhängig machen wollte.

Der Wiederaufbau ist aber trotzdem aus einer Überzeugung heraus entstanden, dass Beste für sein Land zu tun und es ist schier unglaublich, in welcher doch kurzen Zeit die Trümmer-haufen in mehr oder weniger blühende Landschaften umgewandelt wurden. Der Beginn der DDR-Nationalhymne „Auferstanden aus Ruinen und der Zukunft zugewandt...“ spricht am besten aus, was damals geschaffen wurde. Und sollten wir uns das heute nicht auch sagen, um nicht immer nur zu jammern und zu klagen?...

Literaturliste

Benz, W. (1989): Die Geschichte der BRD. Frankfurt am Main. Band 2

Borowsky, P. (1993): Deutschland 1945 – 1969. Hannover

Mühlfriedel, W.; Wießner, K. (1989): Die Geschichte der Industrie der DDR. In: Kuczynski, J.; Mottek, H.; Nussbaum, H. (Hrsg.): Forschungen zur Wirtschaftsgeschichte. Berlin. Band 25

Steininger, R. (1996): Deutsche Geschichte seit 1945. Darstellungen und Dokumente in vier Bänden. Band 1: 1945 –1947. Frankfurt am Main. Band 1

Steininger, R. (1996): Deutsche Geschichte seit 1945. Darstellungen und Dokumente in vier Bänden. Band 2: 1948 –1955. Frankfurt am Main. Band 2

Weber, H. (1980): Kleine Geschichte der DDR. Köln